AF586568

...RAIRIE HACHETTE & Cie, PARIS

...rdins & Basses-Cours

...onseils pratiques illustrés pour
... tous les travaux de la Campagne

...RECTEUR : M. ALBERT MAUMENÉ

...ant le 5 et le 20 de chaque Mois

...ivraison, format des "*Lectures pour tous*", est de **32** pages;
...ivraisons d'une année forment un volume de **758** pages.

... ET COTTAGES	LAITERIES o o o o
...NS ET SERRES	o o ET BEURRERIES
...AILLERS o o o	VERGERS ET o o o
...-ET CLAPIERS	o o o o o VIGNOBLES
...ERS o o o	CHAMPS ET BOIS o o
...T VOLIÈRES	CONSTRUCTIONS ET
... ET VIVIERS	INDUSTRIES RURALES
...S ET o o o	JURISPRUDENCE o o
...ORCHERIES	o o USUELLE, ETC.

... Numéro : 15 Centimes

ABONNEMENTS :

...FRANCE. 3 Fr. | ÉTRANGER. 4 Fr.

... est remboursé par	L'abonnement d'essai :
...SANTE PRIME	(3 MOIS, FRANCE : 1 FR.
... donne les cours	ÉTRANGER : 1 FR. 25)
...ant par	donne droit de prendre part au
...UM DES BASSES-	PLUS ÉLÉMENTAIRE
...AISANDERIES	ET AU PLUS SIMPLE DES
..., ETC.	CONCOURS
... des abonnés de	doté de nombreux prix dont
...CAMPAGNE)	UNE MAGNIFIQUE
...COMPTE FERME	VOITURE
...illes, poussins,	AUTOMOBILE "UNIC"
...ains, etc., etc.	d'une valeur de 11 000 francs

ENCYCLOPÉDIE DES CONNAISSANCES AGRICOLES

La Bière

ENCYCLOPÉDIE
DES CONNAISSANCES AGRICOLES

PUBLIÉE PAR UNE RÉUNION DE MEMBRES DE L'ENSEIGNEMENT AGRICOLE

SOUS LE PATRONAGE DE MM.

ADOLPHE CARNOT — Membre de l'Institut.

ED. MAMELLE — Sous-Directeur de l'Agriculture.

ET SOUS LA DIRECTION DE

E. CHANCRIN

Ingénieur agronome, Directeur d'École d'Agriculture.

FORMAT IN-16, CARTONNÉ

Les volumes parus sont indiqués par un astérisque ✱

I. — NOTIONS GÉNÉRALES SUR LES SCIENCES APPLIQUÉES A L'AGRICULTURE

✱ **Chimie générale appliquée à l'Agriculture,** par E. CHANCRIN, Directeur de l'École de viticulture et d'agriculture de Beaune. Un vol. . . . .

✱ **Chimie agricole,** par E. CHANCRIN, Directeur de l'École de viticulture et d'agriculture de Beaune. Un vol. . . . .

Physique et météorologie agricoles. Un vol. . . . . . .

Histoire naturelle générale. Un vol. . . . .

Zoologie agricole. Un vol. . . . .

Botanique agricole. Un vol. . . . .

Géologie agricole. Un vol. . . . .

Microbiologie agricole. Un vol. . . . .

II. — AGRICULTURE

Agriculture générale (Culture et amélioration du sol), par M. ED. RABATÉ, Professeur départemental d'agriculture du Lot-et-Garonne. Un vol. . . . .

Agriculture spéciale.

✱ ***Les Céréales***, par A. DESRIOT, Directeur de l'École d'agriculture de l'Allier. Un vol. . . . .

✱ ***Les Prairies***, par L. MALPEAUX, Directeur de l'École d'agriculture du Pas-de-Calais. Un vol. . . . .

✱ ***Les Plantes sarclées*** (Pomme de terre, Betterave, Carotte, etc.), par L. MALPEAUX, Directeur de l'École d'agriculture du Pas-de-Calais. Un vol. . . . .

Les Plantes Industrielles.

✱ ***La Betterave à sucre, la Betterave de distillerie et la Chicorée à café***, par L. MALPEAUX, Directeur de l'École d'Agriculture du Pas-de-Calais. Un vol. . . . .

✱ ***Les Plantes oléagineuses***, par L. MALPEAUX, Directeur de l'École d'agriculture du Pas-de-Calais. Un vol . . . .

✱ ***Les Plantes textiles***, par L. BONNÉTAT, Professeur à l'École d'agriculture de la Vendée. Un vol. . . . .

✱ ***Le Tabac***, par F. DE CONFEVRON, Vérificateur de la culture des tabacs. Un vol. . . . .

✱ ***Le Houblon***, par G. MOREAU, Professeur de brasserie à l'École nationale des industries agricoles de Douai. Un vol.. . . . .

Culture potagère. Un vol. . . . .

Arboriculture. Un vol. . . . .

ENCYCLOPEDIE DES CONNAISSANCES AGRICOLES

(*Suite*)

* **Viticulture moderne,** par E. Chancrin, Directeur de l'École de viticulture et d'agriculture de Beaune. Un vol. . . . . 3 »

* **Forêts, Pâturages et Prés-Bois.** Économie Sylvo-Pastorale, par A. Fron, Inspecteur adjoint des Eaux et Forêts, Professeur à l'Ecole forestière des Barres. Un vol. 1 50

Industries agricoles.

* ***Le Blé, la Farine, le Pain***, Étude pratique de la meunerie et de la boulangerie par Ed. Rabaté, Professeur départemental d'agriculture du Lot-et-Garonne. Un vol. 1 80

* ***Le Vin***, Procédés modernes de préparation, d'amélioration et de conservation, par E. Chancrin, Directeur de l'École de viticulture et d'agriculture de Beaune. Un vol. 2 50

Le Cidre, Guide pratique de production et de préparation, par P. Touchard, Directeur de l'Ecole d'agriculture de la Vendée. Un vol. » »

Le Sucre, Procédés de fabrication et utilisation de sous-produits, par G. Pagès, Maître de conférences à l'Ecole nationale d'agriculture de Montpellier. Un vol. . . . . » »

* ***La Bière***, Procédés modernes de préparation et utilisation de sous-produits, par G. Moreau, Professeur de brasserie à l'Ecole nationale des Industries agricoles de Douai. Un vol. . . . . 50 c.

* ***Les Eaux-de-vie et les Alcools***, Guide pratique du Bouilleur de cru et du Distillateur, par G. Pagès, Maître de conférences à l'Ecole nationale d'agriculture de Montpellier. Un vol. 1 50

* ***Les Essences et les Parfums***, Extraction et fabrication, par A. Rolet, Professeur à l'Ecole d'agriculture d'Antibes, suivi de l'**Essence de térébenthine**, par Ed. Rabaté, Professeur départemental d'agriculture du Lot-et-Garonne. Un vol. 1 25

* ***Laiterie, Beurrerie, Fromagerie***, par V. Houdet, Directeur de l'Ecole nationale des industries laitières à Mamirolle. Un vol. 1 25

* ***Huilerie agricole***, par P. d'Aygalliers, Professeur à l'École d'agriculture d'Oraison. Un vol. . . . . 75 c.

* ***Les Matières textiles*** (Voir le fascicule *Les Plantes textiles* dans l'Agriculture spéciale).

* ***Les Conserves alimentaires*** (fabrication ménagère et industrielle), par L. Lavoine, Professeur à l'Ecole d'agriculture de l'Allier. Un vol. 1 80

III. — LES ANIMAUX

Les Insectes utiles et les insectes nuisibles à l'Agriculture (Entomologie agricole). Un vol. . . . . » »

Les Abeilles. Petit traité d'Apiculture pratique. Un vol. . . . . . . » »

Les Poissons. Petit traité de Pisciculture pratique. Un vol. . . . . » »

Les Oiseaux de basse-cour. Petit traité d'Aviculture pratique. Un vol. . . . . » »

Le Ver à soie. Petit traité de Sériciculture pratique. Un vol . . . » »

Les Animaux domestiques (Zootechnie). Un vol. . . . . . . » »

Le Cheval et l'Ane. Un vol. . . . . » »

Le Bœuf. Un vol. . . . . » »

Le Mouton et la Chèvre. Un vol. . . . . » »

Le Porc. Un vol. . . . . » »

IV. — GÉNIE RURAL

Notions sur les constructions rurales. Un vol. . . . . » »

Machines agricoles et moteurs. Un vol. . . . . » »

Drainage et irrigations. Un vol. . . . . » »

V. — ÉCONOMIE. LÉGISLATION. COMPTABILITÉ

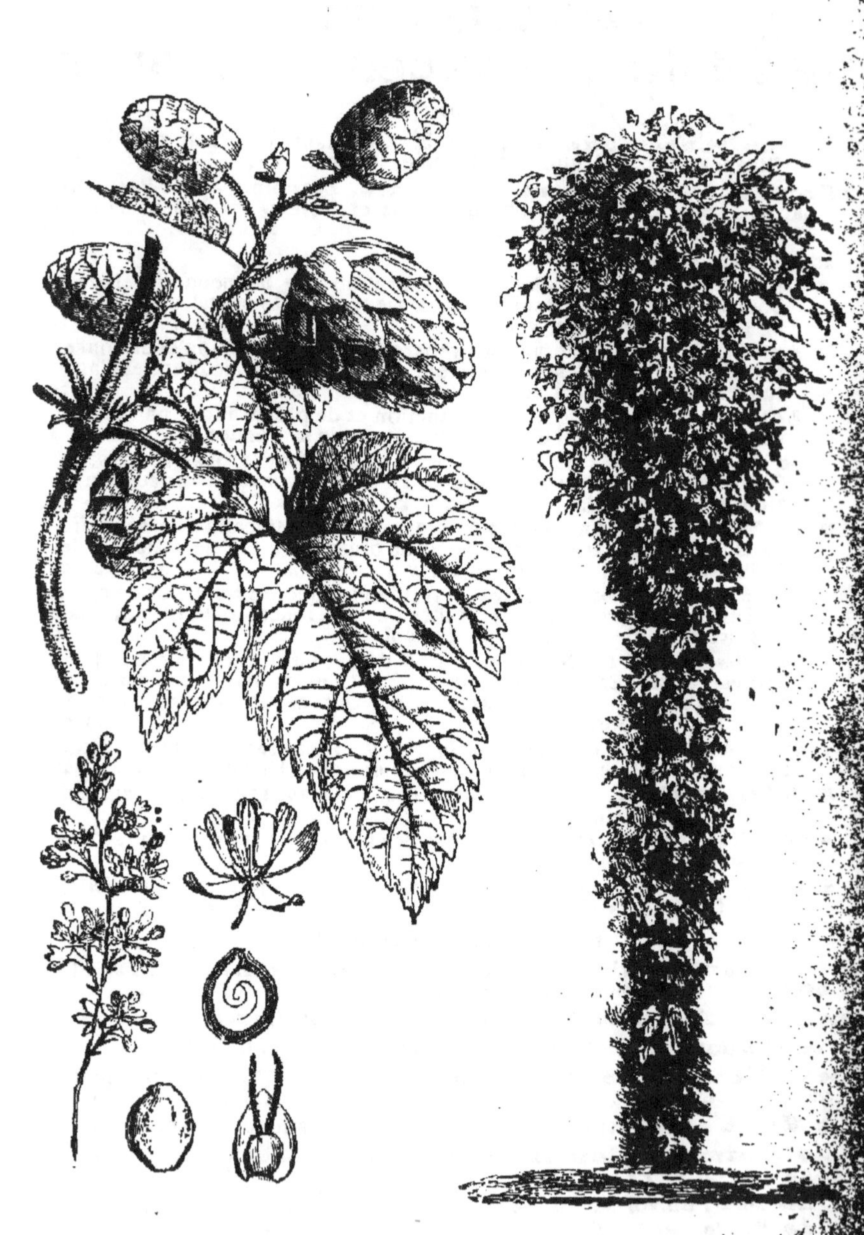

LE HOUBLON

ENCYCLOPÉDIE DES CONNAISSANCES AGRICOLES
Publiée sous le Patronage de MM. ADOLPHE CARNOT, Membre de l'Institut
et Ed. MAMELLE, Sous-Directeur de l'Agriculture
et sous la Direction de M. E. CHANCRIN, Directeur d'École d'Agriculture

La Bière

Procédés modernes de fabrication et Utilisation des Sous-Produits

PAR

G. MOREAU
Professeur de Brasserie à l'École nationale des Industries agricoles

DEUXIÈME ÉDITION

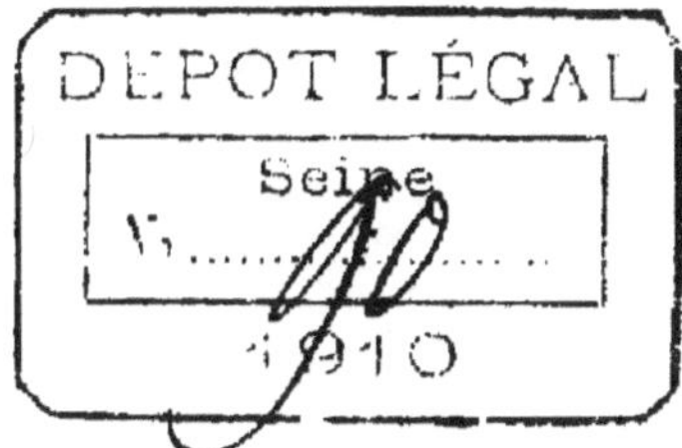

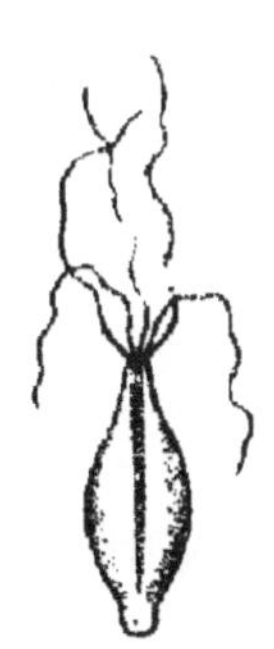

GRAINE D'ORGE GERMÉE

PARIS
LIBRAIRIE HACHETTE ET Cie
79, BOULEVARD SAINT-GERMAIN, 79

1909

PRÉFACE GÉNÉRALE

PAR

ADOLPHE CARNOT

Membre de l'Institut.

Un Romain qui savait faire valoir ses terres et qui a écrit, il y a deux mille ans environ, un remarquable traité d'agriculture, Columelle, s'étonnait que l'on n'enseignât pas les travaux des champs, les soins à donner aux animaux domestiques, aux arbres fruitiers, aux vignobles, aux abeilles, etc., pendant que d'autres arts, moins utiles à ses yeux, étaient en grande faveur à Rome.

« Je vois partout, disait-il, des écoles ouvertes aux rhéteurs, aux danseurs, aux musiciens; les cuisiniers et les barbiers sont en vogue; mais, pour l'art qui fertilise la terre, il n'y a rien, ni maîtres, ni élèves.... Et pourtant, quand même nous viendrions à perdre ceux qui professent toutes ces choses, la République pourrait encore avoir de beaux jours, car nos ancêtres, qui ne connaissaient point ces études et n'avaient même pas d'avocats, n'en furent pas plus malheureux; tandis que la Société humaine ne saurait se passer d'agriculture. »

Certes, depuis cette époque, il a été fait de grands progrès, surtout pendant les derniers siècles. La science, qui a révolutionné l'industrie, a de même rénové l'agriculture ; elle a secoué la routine et porté la lumière dans les vieilles formules empiriques.

Nous ne pouvons plus dire, avec Columelle, qu'on n'enseigne pas l'agriculture ; car, depuis 30 ans, en une foule de points de notre territoire, il a été créé des écoles où peuvent s'instruire un grand nombre de nos futurs agriculteurs. L'enseignement agricole supérieur, fondé chez nous avec l'*Institut agronomique* de Versailles en 1848, tout au début de la 2e République a été, il est vrai, brusquement supprimé par l'Empire en 1852, mais il a été heureusement rétabli à Paris, en 1876, par la 3e République. Il a rendu depuis lors de signalés services, en même temps que les Écoles nationales d'agriculture de Grignon, de Rennes, de Montpellier, les Écoles pratiques d'agriculture, les Fermes-Écoles et les Écoles spéciales de laiterie, de viticulture, d'aviculture, etc., préparaient chaque année plusieurs centaines de jeunes gens à la pratique des bonnes méthodes agricoles.

C'est assurément beaucoup, et pourtant ce n'est pas assez, car l'instruction par des écoles spéciales ne peut atteindre qu'une infime minorité de cultivateurs. Songeons, en effet, que ceux-ci sont au nombre de 22 millions; et il n'y a que 82 établissements d'enseignement supérieur ou professionnel agricole. Aussi peut-on dire encore aujourd'hui, au vingtième siècle, que l'agriculture française souffre toujours d'une ignorance trop générale.

Il est urgent d'y porter remède. Pour le présent, il faut, au mieux possible, répandre l'instruction pratique dans le monde des cultivateurs. Pour l'avenir, il faudra que les enfants de la campagne trouvent à l'école primaire les éléments d'une instruction professionnelle, qui développe en eux le goût des occupations rurales et qui les prépare à les exercer fructueusement. Il le faut dans leur propre intérêt. Il le faut aussi dans l'intérêt de la France; car notre pays a besoin de pouvoir compter sur un personnel instruit et vaillant pour ne pas succomber dans les luttes économiques, qui ne peuvent que devenir de plus en plus ardentes.

Pour les cultivateurs praticiens, comme pour les élèves et pour leurs maîtres de l'école primaire ou de l'école normale, le meilleur outil à mettre entre leurs mains, c'est le livre, écrit pour eux, simple, clair et à bon marché, qui puisse leur servir d'appui ou de guide, où soient exposées les opérations de culture ou d'industrie agricole, avec la précision de détail nécessaire pour en assurer le succès.

Tel est le but que s'est proposé le distingué sous-Directeur de l'Agriculture, M. Mamelle, et qu'il s'est efforcé d'atteindre avec l'aide de son dévoué collaborateur, M. Chancrin, en créant une Encyclopédie des Connaissances agricoles.

Il existe déjà plusieurs encyclopédies d'agriculture, mais d'un caractère sensiblement différent. La plupart, à raison de leur étendue et de leur prix relativement élevé, s'adressent à un public plus instruit et plus fortuné : d'autres, en se maintenant dans des considérations trop générales, ne donnent pas satisfaction aux praticiens et vont plutôt à des amateurs, plus curieux de connaître les principes que les détails d'exécution des diverses opérations agricoles.

L'Encyclopédie des Connaissances agricoles s'attache, au contraire, à justifier son titre en fournissant aux cultivateurs et industriels, qui ont une instruction moyenne ou même élémentaire, les connaissances nécessaires à la pratique raisonnée de leur métier.

Elle comprend une série de petits volumes qui ont été écrits par des Membres de l'Enseignement agricole, spécialistes distingués, s'étant adonnés à la culture, à l'élevage du bétail, aux soins de la basse-cour, ou aux différentes industries agricoles. Non seulement les auteurs ont étudié de près les opérations qu'ils décrivent; mais leur habitude de l'enseignement a développé chez eux la faculté de vulgariser la science et d'en exposer méthodiquement les matières pour les faire bien comprendre du lecteur.

Les auteurs de l'*Encyclopédie des Connaissances agricoles* ont jugé utile de consacrer quelques-uns des petits volumes à l'exposé de notions scientifiques générales, que beaucoup de cultivateurs peuvent ignorer et qui sont cependant indispensables pour comprendre les explications techniques d'autres volumes. C'est ainsi que, pour rendre accessible à tous un volume de *Chimie agricole*, il a paru nécessaire de rédiger aussi un petit abrégé de *Chimie générale*, où se trouvent plus particulièrement expliqués les termes et les faits qui sont invoqués dans la chimie agricole. Il en est de même pour la physique et pour l'histoire naturelle appliquées à l'agriculture

Les petits volumes de l'Encyclopédie seront particulièrement utiles aux élèves des Écoles pratiques d'Agriculture, qui ne peuvent pas toujours prendre des notes suffisantes en écoutant les leçons de leurs professeurs et qui y trouveront une source précieuse d'informations.

On peut croire qu'ils seront aussi fort appréciés des jeunes gens qui, après les études des lycées, des collèges ou des écoles primaires supérieures, voudront s'adonner aux occupations agricoles. Car, à côté de l'exposé précis de la pratique usuelle, ces petits livres leur présenteront la théorie qui l'explique et qui parfois leur permettra de l'améliorer.

Adolphe Carnot,
Membre de l'Institut,
Ancien professeur à l'Institut agronomique,
Membre de la Société nationale d'Agriculture de France,
Ancien directeur de l'École supérieure des Mines.

INTRODUCTION

La fabrication de la bière met en œuvre des produits du sol : orge et autres céréales, houblon, sucre; en outre, ses résidus retournent à la ferme : les drèches pour l'engraissement des bestiaux, les radicelles de l'orge et les marcs du houblon pour la fumure des terres. Elle constitue donc une industrie essentiellement agricole et c'est à ce titre qu'elle trouve place dans cette Encyclopédie.

Aujourd'hui, par les progrès qui ont modifié son outillage, par l'étendue de ses usines, par l'importance des capitaux qu'elle exige, la brasserie appartient à la catégorie des grandes industries. Si, malgré cette importance, nous avons mesuré ici la place qui lui est dévolue, c'est que nous nous adressons surtout à la population agricole, et qu'en nous contentant d'exposer les principes les plus simples de sa fabrication, nous n'avons d'autre but que d'indiquer aux agriculteurs les produits que la brasserie leur demande et de leur permettre de fabriquer eux-mêmes une boisson saine et économique, en se rapprochant le plus possible des procédés industriels.

En même temps, la jeunesse de nos Écoles y trouvera les notions principales d'une industrie qui tient une place de plus en plus importante dans la fortune de notre pays.

LA BIÈRE

SA FABRICATION INDUSTRIELLE ET AGRICOLE

1. Définition. — *La bière est une infusion d'orge germée, aromatisée avec du **houblon** et mise en fermentation* avec de la ***levure***. L'orge germée prend le nom de ***malt***.

Quelquefois, soit pour satisfaire au goût spécial des consommateurs, soit pour des raisons d'économie, on remplace une partie du malt, mais une partie seulement, par d'autres céréales, principalement du riz ou du maïs, ou par des sucres.

Quatre matières concourent donc à la fabrication de la bière : *l'eau*, *l'orge germée*, le *houblon* et la *levure*.

CHAPITRE I

MATIÈRES PREMIÈRES EMPLOYÉES POUR LA FABRICATION DE LA BIÈRE

2. Eau. — Les eaux employées en brasserie se divisent en eaux douces et en eaux dures, suivant qu'elles renferment une quantité plus ou moins grande de sels de chaux. D'une façon générale, les eaux un peu dures renfermant des sels de chaux en assez grande quantité sont préférées.

La dureté est dite *temporaire* quand elle est due au carbonate de chaux ; elle est dite *permanente* quand elle est due au sulfate de chaux.

On trouve encore dans l'eau : des sels de magnésie et de soude ; des composés ferrugineux et des chlorures qui ne sont nuisibles que s'ils sont **en** excès ; des composés ammoniacaux et des composés oxygénés de l'azote, acides nitrique ou nitreux qui sont tous nuisibles, même en petite quantité ; des micro-organismes et des matières organiques qui, en excès, sont défavorables à la fabrication.

En résumé, *l'eau devant servir à la fabrication de la bière doit présenter les caractères généraux d'une eau potable* et un excès de chaux, à l'état de sulfate, n'est pas nuisible.

3. Houblon. — Le houblon (fig. 1) appartient à la famille des *urticées* (famille des orties). C'est une plante grimpante, dont les fleurs mâles et les fleurs femelles poussent sur des

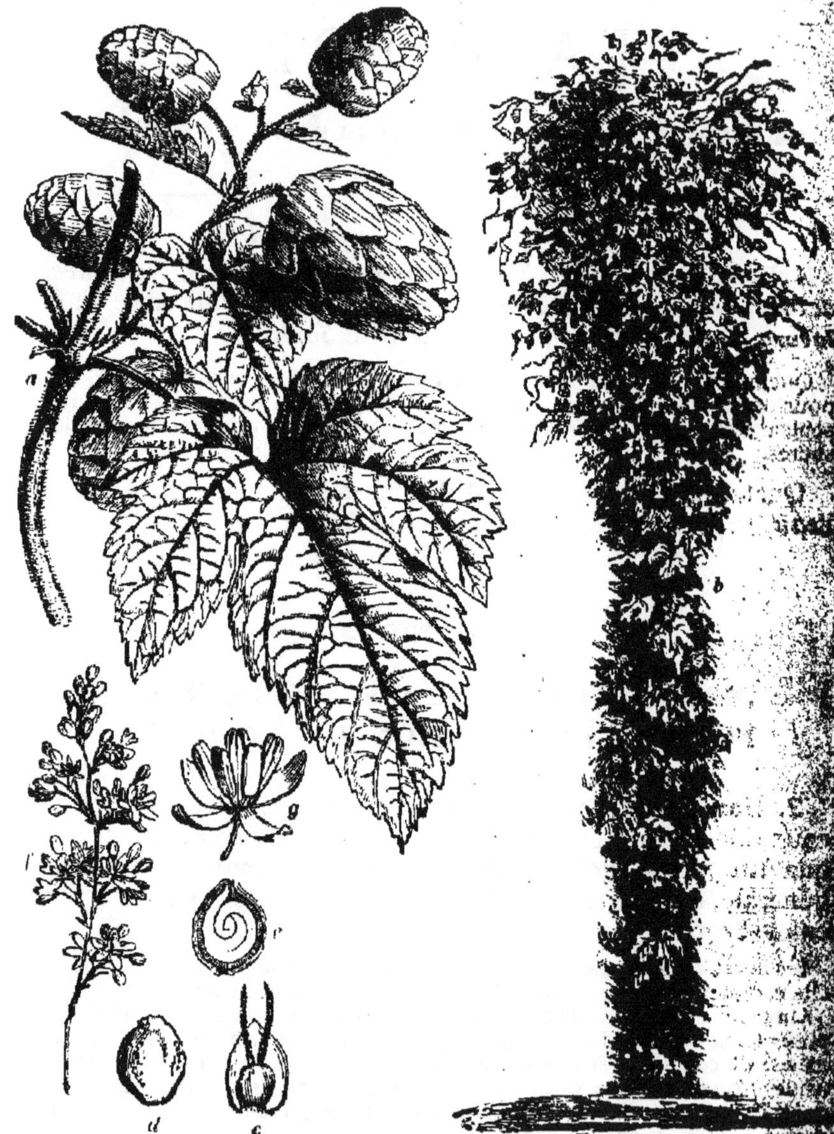

FIG. 1. — LE HOUBLON.

a, rameau avec feuilles et fleurs femelles (cônes).
b, tige de houblon enroulée sur son support.
c, ovaire muni de ses deux pistils.
d, graine.
e, graine ouverte laissant voir l'embryon en spirale.
f et g, fleurs mâles.

pieds différents. Les fleurs femelles sont seules employées en brasserie. Elles se présentent sous la forme d'un *cône*, constitué par la réunion de petites feuilles (bractées) réunies autour d'une tige commune et se recouvrant comme les tuiles d'un toit. A l'intérieur de ces petites feuilles ou bractées, on trouve le principe actif du houblon, connu sous le nom de *lupuline*; celle-ci a l'aspect d'une poussière jaune d'or, très brillante, et onctueuse au toucher.

Le houblon renferme comme principes utiles : 1° une huile essentielle très aromatique ; 2° des résines et un principe amer qui donnent à la bière son amertume caractéristique ; 3° du tannin qui contribue à la conservation de la bière.

Le houblon s'emploie donc pour donner à la bière un goût aromatique et amer (huile essentielle, résines et principe amer); pour assurer la conservation de la boisson (résines et tannin).

Un bon houblon doit être sec, de couleur vert clair tirant sur le jaune, visqueux au toucher, d'odeur franche, très aromatique et contenir une grande quantité de lupuline.

4. Orge. — Les orges employées de préférence en brasserie sont les *orges de printemps*[1], à deux rangs, ou les *orges d'hiver* à quatre rangs[2], appelées aussi *escourgeons* (fig. 2 et 3).

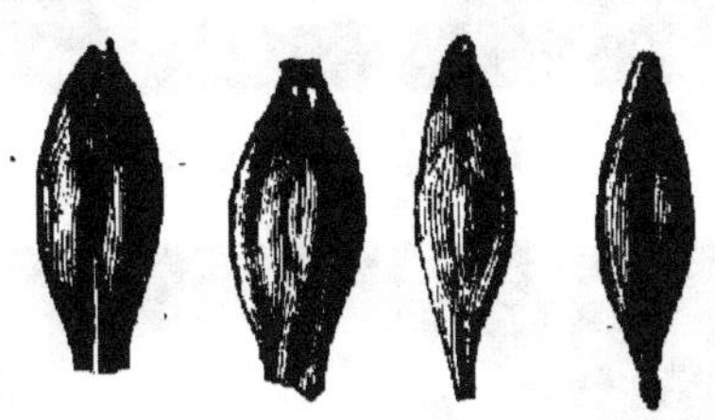

Fig. 2. Grains d'orge de printemps.

Fig. 3. Grains d'escourgeon ou orge d'hiver.

Une bonne orge de brasserie doit être de couleur jaune paille claire, à grains renflés, plutôt courts et ventrus, à pellicule fine et transparente, à amande blanche, farineuse et friable, non *glacée*. Son poids doit être de 65 à 68 kilogrammes à l'hectolitre, et son pouvoir germinatif assez élevé pour que 98 pour 100 au moins des grains entrent en germination dans un délai de 3 à 4 jours.

L'orge contient : 1° de l'*amidon*, qui se transforme en sucre au brassage (§ 17) pour constituer le *moût* sucré qui deviendra la bière après fermentation (§ 24); 2° des matières azotées et minérales, indispensables au développement de la levure et qui contribuent à donner à la bière ses qualités nutritives et hygiéniques.

Cependant, on recherche de préférence, en brasserie, les orges peu azotées. Les orges très azotées donnent des bières d'une moins bonne conser-

1. Ou à épi à 2 rangs.
2. Ou à épi à 4 rangs.

vation, parce que : 1° les matières azotées sont, par nature, plus altérables; 2° un excès d'azote, qui n'est pas consommé par la levure, sert à l'entretien des ferments qui provoquent les maladies de la bière. L'abus des engrais azotés, les cultures intensives augmentent le rendement des cultures, mais diminuent la qualité des orges de brasserie. Une orge devant servir à la fabrication de la bière ne devrait pas contenir plus de 8 à 11 % de matières azotées, représentant 1,28 à 1,78 % d'azote organique.

5. Levure. — La levure, qui sert à faire fermenter le moût de bière et qui provient toujours d'une fabrication précédente, est constituée par un ferment organisé et composée d'une infinité de petites cellules rondes ou ovales n'ayant pas plus de 8 à 9 millièmes de millimètre sur leur plus grand diamètre.

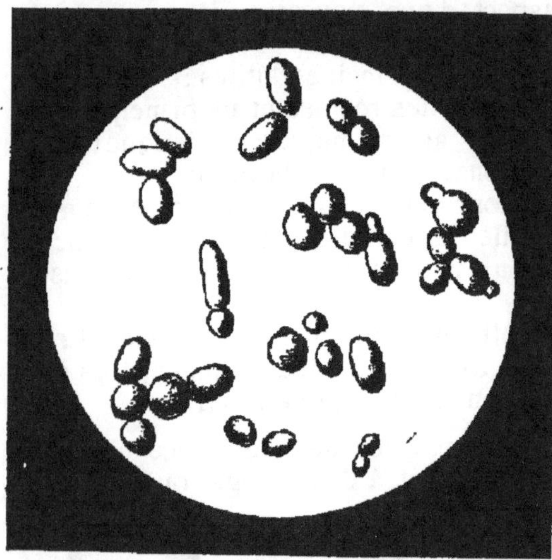

Fig. 4. — Levure basse.

Elle se présente sous la forme d'une masse épaisse, d'une espèce de pâte liquide jaunâtre plus ou moins brune.

Une bonne levure est ferme, consistante et se dépose rapidement dans l'eau. Elle doit avoir un goût amer, très franc; une odeur particulière agréable et caractéristique; ni odeur, ni saveur acides.

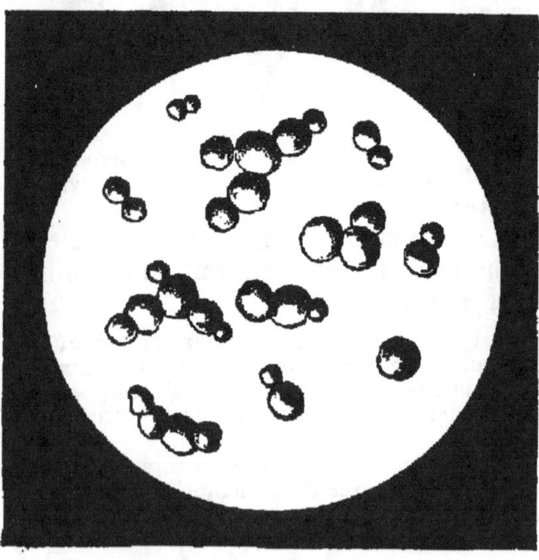

Fig. 4 *bis*. — Levure haute.

Examinée au microscope, elle doit se montrer pure de tout mélange avec des ferments étrangers (ferments acétiques, lactiques, butyriques, etc.) qui développeraient des maladies dans la bière et communiqueraient à celle-ci des goûts acides ou putrides.

Différentes levures. — Il y a deux espèces de levure : la *levure basse* et la *levure haute* (fig. 4).

La *levure basse* fermente à des températures plus basses (4° à 10 degrés), reste en suspension dans le liquide et se dépose au fond des cuves de fermentation (26).

La *levure haute* fermente à des températures relativement élevées (12 à 20 degrés) et les cellules, soulevées par la production abondante d'acide carbonique, viennent se rassembler à la surface du moût en fermentation (25).

Suivant que le brasseur emploie la levure basse ou haute, il obtient une bière de *fermentation basse*, ou une bière de *fermentation haute*, de caractères très différents.

Pendant le phénomène de la fermentation, la levure se reproduit en abondance, parce que le moût de bière contient des éléments favorables à sa nutrition. Il en résulte que le brasseur recueille, après la fermentation, une quantité de levure bien supérieure à celle qu'il avait introduite. Il vend aux boulangeries ce qu'il a en trop, après avoir mis de côté ce qui lui est nécessaire pour sa fabrication, de sorte que la levure n'est pas seulement une matière première utilisée par le brasseur, mais encore un produit de fabrication que l'on peut vendre (33).

Les différentes opérations que nécessite la fabrication de la bière avec les matières premières étudiées ci-dessus sont les suivantes :

1° Il faut tout d'abord rendre l'*amidon* contenu dans l'orge propre à se transformer en *sucre* sous l'influence de la *diastase* ; c'est le but du ***maltage*** ou ***germination***.

2° Il faut ensuite préparer l'infusion d'orge germée, c'est-à-dire ***préparer le moût de bière***.

3° Faire ***fermenter le moût de bière*** afin de transformer, sous l'action des levures, le *sucre* qu'il contient en *alcool*. Ce sont ces opérations que nous allons décrire

CHAPITRE II

GERMINATION OU MALTAGE

6. But de la germination. — L'orge ne peut être employée en brasserie qu'après avoir été germée ou *maltée*.

Le but de la germination est de développer dans la graine une substance azotée appelée ***ferment soluble ou diastase.***

La *diastase du malt* a la propriété, lorsqu'on met le grain moulu (15) en présence de l'eau, et sous certaines conditions de température, de transformer l'amidon du grain en *dextrine* et en un sucre susceptible de fermenter, la *maltose*, qui se dissolvent dans l'eau pour constituer le *moût de bière* sucré. C'est ce moût de bière sucré qui deviendra la bière après *fermentation*.

7. Pratique du maltage. — Le maltage comprend cinq opérations qui sont :

1° Le *nettoyage* et *triage* de l'orge;

2° Le *mouillage* ou *trempage*;

3° Le *travail en couche au germoir ou germination proprement dite*;

4° Le *touraillage* ou *séchage du grain*;

5° La *toilette du malt.*

8. Nettoyage et triage de l'orge. — Il est indispensable de nettoyer et trier l'orge avant germination, afin d'en séparer les poussières et les impuretés, et de diviser les grains suivant leur grosseur. On ne doit mettre en germination, autant que possible, que des grains de même grosseur. On comprend que, puisqu'on mouille l'orge avant de la mettre au germoir, si l'orge n'était pas triée, les petits grains prendraient trop d'eau, les autres pas assez et qu'on aurait une germination irrégulière.

Les appareils ordinairement employés sont les mêmes que ceux qui servent en agriculture pour le nettoyage des graines. Ils se composent : d'*épierreuses* ou *émotteuses*;

De *ventilateurs*, qui chassent les poussières et les impuretés plus légères que l'orge;

De *cylindres à alvéoles*, qui éloignent les graines rondes d'avec l'orge (graines longues);

De *grilles* de différentes dimensions, qui trient les graines suivant leurs dimensions.

9. Mouillage ou trempage de l'orge. — Trois conditions sont indispensables pour que la germination s'accomplisse bien : il faut au grain de l'*eau*, de l'*oxygène* et de la *chaleur*. La première se réalise en faisant tremper le grain avant sa mise au germoir dans des cuves appelées *cuves mouilloires*. Les deux dernières conditions sont remplies au germoir par la mise en couches et la retourne des couches (10).

La cuve mouilloire (fig. 5) se fait en tôle galvanisée ; sa forme est cylindro-conique. Elle porte, à sa partie inférieure, conique, une soupape *A* pour la vidange du grain et un tuyau *B* d'évacuation de l'eau, muni d'un filtre *C* qui retient les grains. A la partie supérieure se trouve un trop plein *D*, qui sert en même temps à l'évacuation des impuretés qui sont à la surface. L'eau peut être amenée dans la cuve soit par-dessus, soit par-dessous.

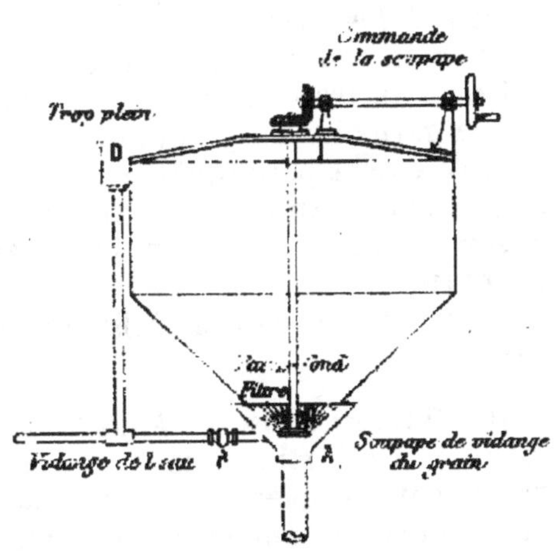

Fig. 5. — Cuve mouilloire

Les règles du mouillage sont les suivantes :

1° La cuve est remplie d'abord à moitié d'eau; on verse ensuite le grain doucement, en agitant pour que les petits grains puissent surnager.

2° Les petits grains sont écumés aussitôt la cuve remplie, ou évacués par le trop-plein;

3° La température de l'eau ne doit pas dépasser 15 à 16 degrés;

4° La première eau doit être retirée de bonne heure, parce qu'elle est chargée de matières organiques putréfiables, provenant de la pellicule des grains. Elle est remplacée aussitôt par de l'eau fraîche. La surface, qui est ordinairement recouverte d'une couche grasse de matières organiques, s'évacue par le trop-plein;

5° L'eau est changée ensuite seulement toutes les douze heures, en laissant la cuve vide et le grain se ressuyer pendant quelques heures entre chaque renouvellement. Pendant ce *ressuyage*, le grain s'aère et absorbe de l'oxygène;

6° L'eau doit toujours dépasser la couche supérieure du grain de 10 à 15 centimètres. Elle baisse par suite de l'absorption et aucun grain ne doit être à l'air.

La durée du mouillage dépend :

De la nature de l'orge (les orges dures se mouillent plus lentement);

De la nature de l'eau et de la température (l'orge s'imbibe plus rapidement avec les eaux douces et par des températures plus élevées).

Elle est en moyenne de trois à quatre jours.

On reconnaît que l'orge est suffisamment trempée :

Quand les grains peuvent se plier sans se rompre;

Quand les pointes ne piquent plus les doigts;

Quand les grains, coupés en deux, ne montrent plus qu'un point blanc au milieu; tout le reste est gris et comme huileux.

Un grain trop trempé perd sa faculté germinative et pourrit sur le germoir; un grain imparfaitement mouillé ne germe pas complètement parce qu'il sèche trop vite sur le germoir.

On peut contrôler le degré de mouillage par le poids : l'orge absorbe de 45 à 50 pour 100 d'eau et son poids augmente en proportion.

Un hectolitre d'orge sèche donne 130 litres environ d'orge trempée.

10. Germination. — Aussitôt que le grain est suffisamment mouillé, il est mis en couches sur le germoir. On place ordinairement les cuves mouilloires au-dessus des germoirs pour que l'orge puisse y tomber naturellement.

Le ***germoir*** est habituellement une salle voûtée de 2 m. 50 à 3 mètres de hauteur, dont le sol, fait avec soin, est en dalles cimentées, ou en carreaux bien jointoyés, ou, de préférence, en ciment de Portland. Les meilleurs germoirs sont en sous-sol. Ils sont munis d'ouvertures parallèles ou de canaux de ventilation. Les murs sont blanchis à la chaux. Leur grandeur est proportionnée à la quantité d'orge à faire germer, en calculant que pour 1 hectolitre d'orge, il faut 2 mètres carrés de surface.

Pratique de la germination. — L'orge est d'abord mise en tas de 25 à 35 centimètres de hauteur, selon la saison (plus haut en hiver) et la température du germoir. Le tas est uni, de même hauteur partout et les bords sont relevés en talus.

La première manifestation de la germination est une élévation de température ; la couche s'échauffe et les grains se couvrent d'humidité — *le grain sue.* — On retourne alors la couche pour l'aérer et la refroidir. Au début, il faut pelleter la couche toutes les douze heures environ ; un peu plus tard, la couche s'échauffant davantage, on pellette toutes les six à huit heures. On se règle sur les indications de thermomètres plongeant dans la couche ; la température intérieure du tas ne doit pas dépasser 15 à 18 degrés.

Des pelletages trop fréquents sèchent l'orge et arrêtent la germination ; s'ils sont trop éloignés, la couche s'échauffe trop.

Au bout de trente à quarante heures, on voit apparaître à la pointe inférieure des grains un petit point blanc : on dit que le grain *pique*. C'est la *radicule* qui perce l'enveloppe et sort.

Quelques heures après, la radicule se sépare en deux pour donner passage aux radicelles ; le grain *fourche*. C'est le moment où la germination montre le plus d'intensité ; on retourne plus souvent et on diminue la hauteur du tas.

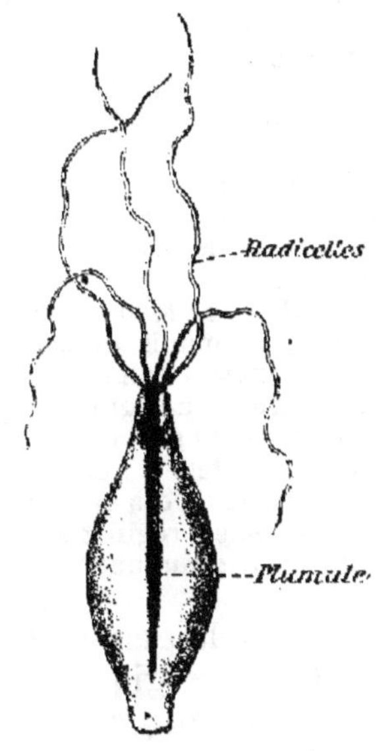

Fig. 6. — Grain d'orge germé montrant le développement des radicelles et de plumule.

Pendant ce temps, la *plumule* ou *gemmule* a poussé le long du grain. On arrête la germination quand elle atteint, dans la majorité des grains, les deux tiers ou les trois quarts de leur longueur. On ne la laisse pas sortir du grain, parce qu'elle se développerait au dehors aux dépens des substances intérieures, Les plumules qui sont sorties du grain portent le nom de *hussards*.

En même temps, la *radicule* a donné naissance à 4 ou 5 *radicelles* qui frisent et dont la longueur est environ une fois et demie celle du grain (fig. 6).

La durée de la germination varie de huit à dix jours, quelquefois plus. Lorsqu'elle est bien conduite, l'amande du grain roulée entre les doigts donne la sensation d'une farine douce et légèrement humide, sans parties dures et sans parties laiteuses. C'est une preuve que la *désagrégation* du grain est complète, sans excès.

Quelle que soit la durée, l'orge doit conserver jusqu'au dernier moment une dose d'humidité suffisante. Si on s'aperçoit qu'elle sèche trop vite, on arrose la couche en faisant suivre l'arrosage d'un pelletage énergique.

11. Maltage pneumatique. — Nous venons de décrire le maltage sur aire. Il existe un autre mode qui porte le nom de *maltage pneumatique*. Il a lieu soit en *cases*, soit en *tambours*.

Le maltage en cases (système *Saladin*) a lieu dans des cases en maçonnerie de 15 à 25 mètres de longueur sur 4 à 5 mètres de largeur et un mètre de hauteur, dont le fond est constitué par des plaques de tôle perforées. Ce fond est mis en communication avec des canaux souterrains dans lesquels on peut amener, au moyen de ventilateurs, soit de l'air humide, soit de l'air sec, selon les besoins de la germination. L'air humide est fourni par des couches de coke continuellement arrosées et que l'air traverse avant son arrivée dans les cases. Dans les cases, des retourneurs mécaniques font le travail du pelletage des couches.

Le maltage en tambours (système *Galland*) a lieu dans des tambours en tôle horizontaux munis de canaux intérieurs et d'un tuyau central percés de trous. L'air, soit humide, soit sec, sollicité par des ventilateurs, passe dans les canaux, traverse le grain en germination et s'échappe par le tuyau central. La retourne du grain est assurée par la rotation du tambour sur lui-même, monté sur galets et s'engrenant par une couronne sur une vis sans fin.

L'avantage de ces systèmes, c'est qu'ils tiennent moins de place et que la germination est régularisée et abrégée par le courant d'air humide, qui entretient dans le grain une humidité modérée et facilement réglable.

Dès que la germination est terminée, on aère le grain par un pelletage énergique, ou bien on le porte dans un grenier dit *grenier d'aérage* pour le *faner* avant le séchage et l'apporter moins humide sur le plateau de la touraille.

12. But et marche du touraillage. — Le touraillage est une opération très importante et très délicate, d'où résultent pour la bière des qualités de goût, d'arome, de cachet tout particuliers, et qui demande des soins et une attention soutenus. Elle se pratique dans un séchoir spécial appelé *touraille*, d'où le nom de *touraillage*.

Touraille. — La touraille (fig. 7) se compose : au rez-de-chaussée, d'un foyer F entouré de prises d'air froid qui s'ouvrent ou se ferment à volonté; au premier étage, d'une chambre C, dite *chambre de chaleur*, où, dans certains systèmes (*tourailles à feu direct*), l'air froid et l'air chaud, se dégageant du foyer, viennent se mélanger dans des canaux aménagés à cet effet sur le sol de la chambre; où, dans d'autres systèmes (*tourailles à calorifères*), l'air froid vient se réchauffer au contact de tuyaux disposés horizontalement dans la hauteur de la chambre et recevant les gaz chauds du foyer. Au-dessus de la chambre de chaleur et formant plafond de cette chambre, se trouvent des plateaux F, F' superposés où on étale le grain à sécher. Les plateaux sont tantôt en tôle perforée, tantôt en toile métallique; ils sont surmontés d'une voûte et d'une cheminée d'aspiration destinée à entraîner au dehors la vapeur d'eau qui se dégage des couches de grain à sécher.

Le touraillage a pour but de sécher le grain, de colorer plus ou moins le malt et par conséquent la bière, et d'obtenir par la chaleur le développement de principes aromatiques qui communiquent à la bière un cachet particulier, suivant que ces principes sont plus ou moins accentués.

Deux conditions sont essentielles pour un bon touraillage:

1° Que le malt ne soit pas trop humide quand il arrive sur le plateau;

2° Que la température soit conduite très lentement pendant les premières heures du travail, jusqu'à ce que le malt soit presque entièrement sec. Ce n'est qu'alors qu'il peut supporter sans danger de hautes températures.

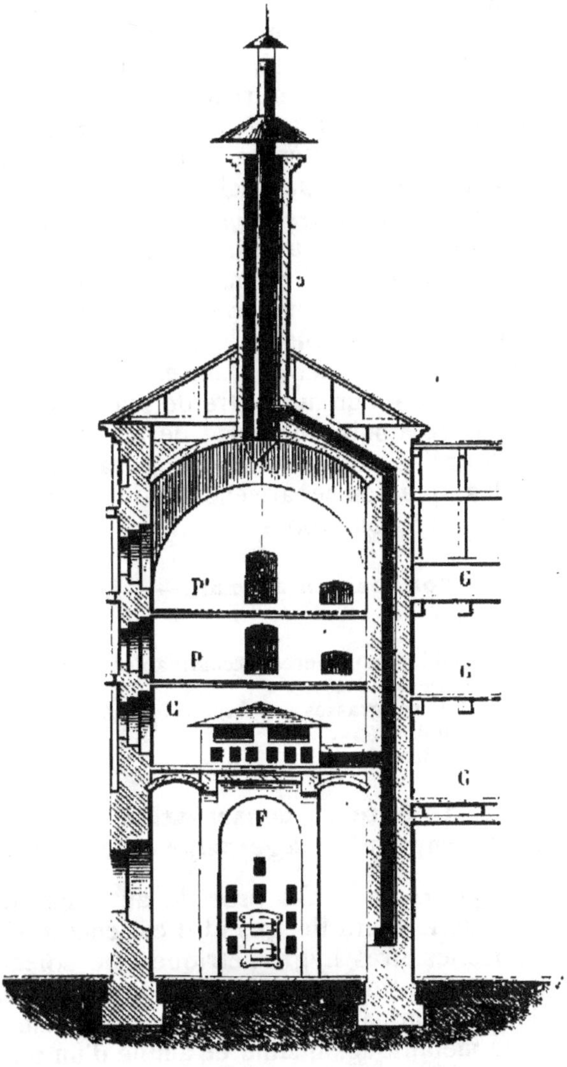

Le touraillage se compose de deux opérations distinctes : la **dessiccation** et la **torréfaction**.

FIG. 7. — TOURAILLE DE BRASSERIE.

F, *foyer;* C, *chambre de chaleur;* P, *et* P' *plateaux;* G, *greniers*

La dessiccation a lieu sur le plateau supérieur, la torréfaction sur le plateau inférieur. Le plateau supérieur utilise la chaleur, atténuée par le passage à travers la couche inférieure.

La *règle* à suivre est celle-ci : monter lentement à 45 ou 50 degrés et y maintenir le malt jusqu'à dessiccation ; élever ensuite progressivement la température jusqu'à 70 ou 80 ou même 100 degrés. Pendant l'opération, on retourne de temps en temps le grain, toutes les heures ou toutes les deux heures.

Si le malt est saisi, encore humide, à une température trop élevée, les grains durcissent et on obtient des grains *vitrés* et presque inutilisables; la diastase est en partie détruite, parce qu'elle s'altère à la chaleur humide, tandis qu'elle peut résister à la chaleur sèche.

La ***durée du touraillage*** est ordinairement de 24 heures.

Un malt bien touraillé présente les caractères suivants :

Les grains sont pleins, bombés et plus légers que l'eau;

Les radicelles sont très sèches et se séparent facilement;

L'amande est blanche, friable et laisse dans la bouche une saveur douce, sucrée et agréable.

Le poids d'un hectolitre de malt est de 50 à 52 kilogrammes.

L'orge a subi une perte de poids : 100 kilogrammes d'orge ne fournissent que 75 à 80 kilogrammes de malt sec. Les radicelles, que l'on sépare ensuite du grain, entrent dans cette perte pour 3 à 5 pour 100.

13. Composition du malt. — Le malt a la composition suivante :

Amidon et matières saccharifiables	50 à 52 %
Matières azotées	11 %
Matières grasses	2,39
Cellulose	12 à 14 %
Cendres	2 à 2,5 %

14. Toilette et conservation du malt. — La toilette du malt comprend le *dégermage* et le *polissage*.

Dégermage. — On procède au *dégermage* aussitôt le malt sorti de la touraille, quand il est encore chaud et avant que les radicelles, très hygrométriques, ne soient redevenues souples par absorption d'humidité. Pour cela, on fait passer le malt dans un appareil dégermeur, consistant en un tambour en toile métallique, incliné et animé d'un mouvement de rotation autour de son axe. L'agitation du malt sépare les radicelles, qui passent à travers la grille et sont ainsi éliminées.

Les radicelles sont utilisées soit pour la nourriture des bestiaux, soit comme engrais (34).

Polissage. — Le *polissage* consiste à faire passer le malt entre des brosses qui nettoient et polissent la pellicule. Il a pour but d'éloigner de l'enveloppe les poussières mélangées de germes qui non seulement pourraient altérer le malt, mais apporteraient dans la bière des matières organiques contraires à sa bonne conservation. Des ventilateurs séparent ensuite les poussières.

Le malt est conservé dans des *silos* en bois hermétiquement clos et mis autant que possible à l'abri de l'air et de l'humidité.

15. Mouture du malt. — Le malt, avant d'être employé, est concassé et réduit à l'état de farine grossière. On se sert de moulins (fig. 8) constitués par une paire de cylindres lisses en acier, dont l'un, mobile sur ses coussinets, peut à volonté se rapprocher ou s'éloigner au moyen d'une vis de pression.

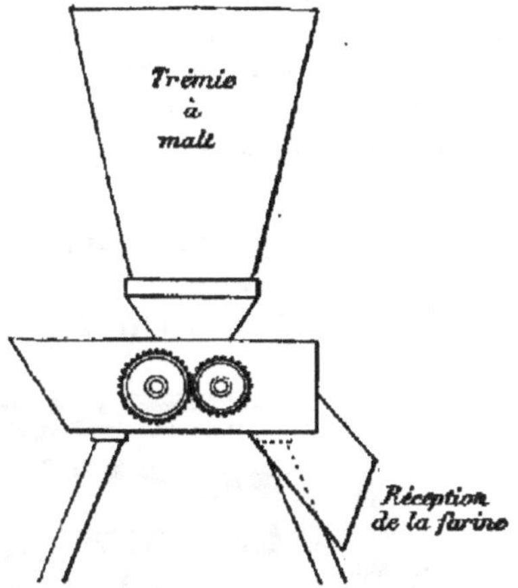

Fig. 8. — Concasseur de grains.

Le malt doit être seulement concassé; s'il était réduit en farine trop fine, la filtration des trempes (§ 17) ne se ferait pas facilement; d'autre part, en farine trop grossière, la transformation ultérieure de l'amidon en sucre serait plus lente. Il faut que l'amande des grains soit réduite en petits fragments ni trop gros, ni trop fins, et de plus que la pellicule reste intacte pour faciliter le soutirage des trempes. C'est pourquoi on emploie, de préférence, les cylindres lisses.

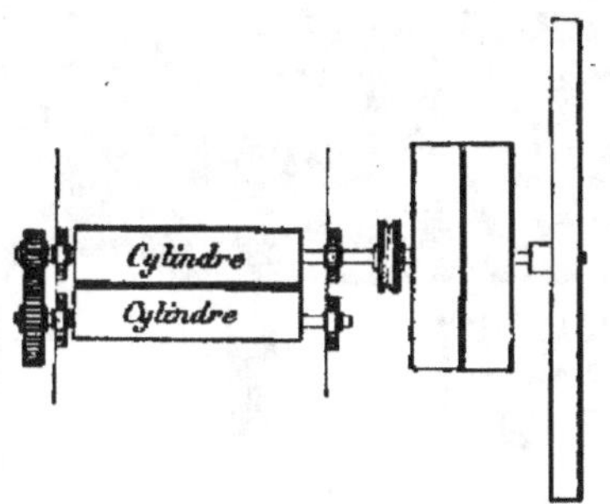

Fig. 8 *bis*. — Transmission du mouvement.

La farine étant susceptible de s'échauffer beaucoup plus que le malt en grains, on ne doit la préparer qu'au moment de s'en servir, ou pas plus de vingt-quatre heures à l'avance.

CHAPITRE III

FABRICATION DU MOÛT DE BIÈRE

16. Le moût de bière. — La mouture du *malt* obtenu dans le maltage (§ 15) a donné une farine grossière riche en *amidon* et contenant un ferment soluble, la *diastase*. Il s'agit de fabriquer avec cette farine *un jus sucré* ou *moût de bière*.

La ***fabrication du moût de bière*** comporte une série d'opérations qui sont :

1° ***Le brassage ou jetée des trempes,*** qui consiste à mélanger intimement, à chaud, le *malt* avec de l'*eau*. Il a pour but de transformer, sous l'action de la diastase, l'amidon du malt en

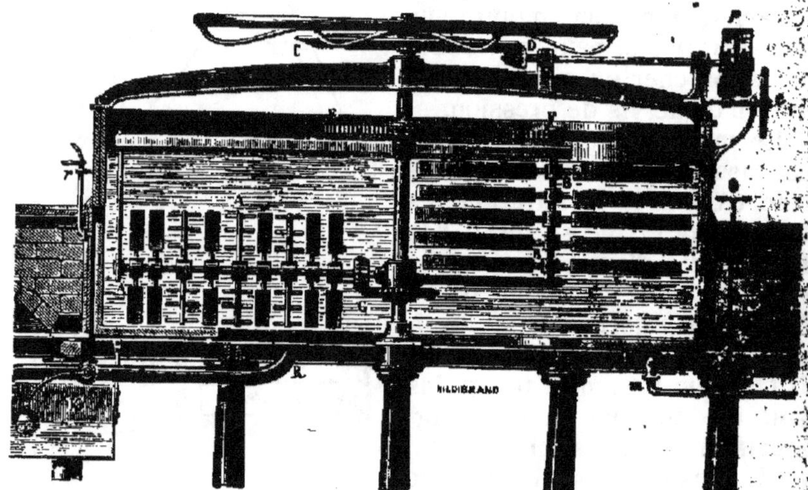

FIG. 9. — CUVE-MATIÈRE POUR LE BRASSAGE.

dextrine et en sucre susceptible de fermenter, la ***maltose,*** qui se dissolvent dans l'eau ; on obtient un jus sucré ou ***moût*** ;

2° ***La cuisson du moût avec le houblon,*** destinée à aromatiser et à assurer la conservation de la bière ;

3° ***Le refroidissement du moût,*** pour amener le jus sucré à une température convenable afin qu'il puisse être soumis à une fermentation.

Nous décrirons d'abord les appareils qui servent à ces différentes opérations :

La cuve-matière (fig. 9). — En principe, la *cuve-matière*, organe le plus important, est une cuve dans laquelle on fait arriver de l'eau chaude et le malt pour la transformation de ce malt en sucre (maltose); des agitateurs remuent le mélange. La cuve est ronde ou carrée, en tôle galvanisée ou en fonte. Elle porte un *faux fond* en tôle ou en cuivre, percé de trous, qui fait l'office de filtre; ce faux fond est constitué par plusieurs plaques s'appliquant exactement les unes à côté des autres et reposant par de petits pieds de moins de un centimètre sur le fond de la cuve. Ce fond est percé lui-même d'un certain nombre de trous auxquels viennent aboutir des tuyaux (R) dont l'autre extrémité se termine, sur le devant de la cuve, par des robinets servant au soutirage du moût. Celui-ci se déverse dans un vase en cuivre, le *réverdoir*, en communication avec les *chaudières de cuisson*. Un tuyau vertical, appelé *faux-bucq*, sur le devant de la cuve, communique à son tour, par un tuyau collecteur, avec les tuyaux de vidange et permet de faire arriver l'eau par-dessous le faux-fond. Au centre de la cuve, un arbre vertical met en mouvement un *agitateur mécanique*, composé de plusieurs bras verticaux (A) ou horizontaux (B), destiné à opérer le mélange intime du malt et de l'eau. Une double enveloppe à vapeur, un couvercle mobile et une croix écossaise complètent les organes de la cuve.

La **croix écossaise**, placée sous le couvercle, est un tourniquet hydraulique, monté sur billes, amenant l'eau en pluie sur les *drèches*[1] et servant à l'arrosage et au lavage des drèches (21).

Les **chaudières de cuisson**, *pour la cuisson du moût avec le houblon*, sont au nombre de deux ou trois; elles sont en cuivre, ouvertes ou fermées, chauffées à feu nu ou à la vapeur. Leur installation ne présente rien de particulier (22).

Les **bacs refroidissoirs** sont des vaisseaux plats, peu profonds, où le moût est amené, après sa cuisson, pour son refroidissement et son aération (23).

Les **réfrigérants** *sont des appareils destinés à refroidir rapidement les moûts* (23). Ils sont généralement composés de tuyaux horizontaux et parallèles, communiquant entre eux par une de leurs extrémités. Ils sont en cuivre mince. L'eau arrive dans le tuyau du bas et remonte, de tuyau en tuyau, jusqu'au tuyau supérieur, d'où elle est évacuée au dehors. Le moût, au contraire, tombe du bac dans une nochère percée de trous qui le répartit sur la surface extérieure des tuyaux. Le moût ruisselle ainsi sur les tuyaux, rencontrant de l'eau de plus en plus froide et est recueilli refroidi au bas de l'appareil (fig. 9 *bis*).

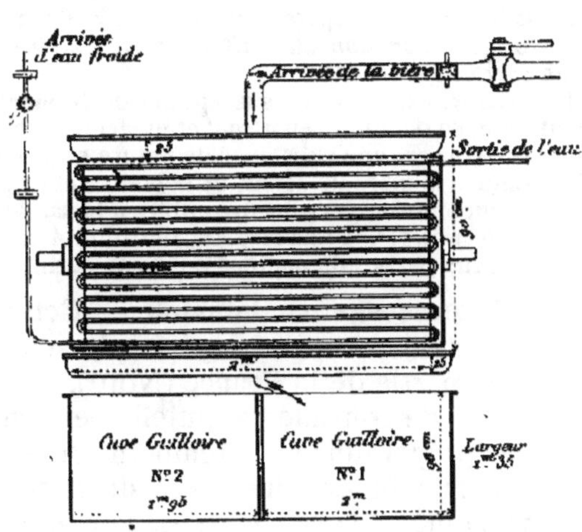

FIG. 9 *bis*. — RÉFRIGÉRANT ET CUVE GUILLOIRE.

La cuve guilloire (fig. 9 *bis*) *reçoit le moût*

1. C'est le malt humide qui reste sur le fond de la cuve-matière après le soutirage du moût.

après son refroidissement. C'est dans cette cuve qu'a lieu la mise en levain (24). Elle communique avec les caves et les vaisseaux de fermentation.

Des **pompes** servent aux différents transports du moût suivant la disposition des appareils. Le système est à *cascade* quand tous les appareils sont en charge les uns sur les autres, de façon que le moût s'écoule naturellement.

Le **filtre à houblon** retient le houblon après sa cuisson avec le moût. On le remplace souvent par une *crépine* placée à l'embouchure du tuyau de vidange dans les chaudières à houblonner.

17. Brassage. — Il y a trois méthodes de brassage :

Le brassage par *infusion*; le brassage par *décoction*; le brassage à *moût trouble* ou *mixte.*

Quelle que soit la méthode employée, l'opération peut se diviser en trois parties qu'on appelle la **jetée des trempes** et qui consistent toutes dans l'introduction d'eau dans la cuve-matière.

1° Une *trempe préparatoire*, vulgairement appelée *salade*, ayant pour but de dissoudre la diastase et de préparer le grain à recevoir l'eau de saccharification (6).

2° Une ou plusieurs *trempes de saccharification* pendant lesquelles on élève progressivement la tempéature jusqu'à celle de saccharification.

3° Une ou plusieurs *trempes supplémentaires*, dites de *lavages*, ayant pour but l'épuisement des drèches et l'entraînement des parties de moût fort qu'elles conservent des premières trempes.

Toutes les trempes, sauf quelques exceptions, se donnent dans la cuve-matière (16).

Dans le cours des opérations que nous allons décrire, la diastase du malt transformera l'*amidon* en *maltose* et en *dextrine*. Cette transformation s'appelle *saccharification.*

La *maltose* est un sucre susceptible de fermenter et qui, pendant la fermentation, se dédouble en *alcool* et en acide carbonique.

La *dextrine* est une substance de nature gommeuse qui ne peut fermenter; elle donne à la bière du *corps*, de la *bouche* et de la *mousse.*

Les températures les plus favorables à la saccharification sont entre 70° et 75°. Au delà de 75°, la diastase est détruite. A ces températures, il se forme environ deux parties de maltose pour une partie de dextrine.

18. I. Brassage par infusion. — Cette méthode, plus simple et plus rapide, est employée exclusivement en Angleterre et dans une partie de la France (Nord).

Ce procédé consiste essentiellement en ce que l'on donne une trempe préparatoire, à température relativement basse, et qu'on réchauffe ensuite, avec de l'eau bouillante, jusqu'à ce qu'on ait obtenu dans la masse la température de saccharification.

On procède ainsi : on verse dans la cuve-matière la quantité d'eau nécessaire pour la trempe préparatoire, environ une partie et demie d'eau pour une partie de malt, à la température de 60 à 65 degrés (suivant la saison), et on introduit ensuite le farine en agitant le mélange (*en vaguant*). Quand le mélange est bien intime et la température égale partout (elle est environ de 45 à 50 degrés), on laisse reposer un temps plus ou moins long (15 à 30 minutes).

Après le repos, on remet l'agitateur en marche et on amène de l'eau bouillante par-dessous le faux-fond, de façon à élever graduellement, en trois quarts d'heure à une heure, la température du mélange à 70 ou 75 degrés. On agite encore quelque temps pour bien répartir la température.

On laisse reposer une heure pour que la trempe s'éclaircisse et que la saccharification s'achève.

On peut procéder d'une autre façon : on verse la farine dans l'eau froide et on monte graduellement, au moyen de la vapeur, dans la double enveloppe, et, sans cesser d'agiter le liquide, à 75°, en stationnant quelque temps à 45° et à 65°.

Soutirage de la trempe. — Le repos terminé, on ouvre les robinets et on soutire la trempe. Aussi longtemps que le moût coule trouble, on le remonte dans la cuve-matière au moyen d'une petite pompe. Dès qu'il coule clair, on le conduit dans la chaudière de cuisson (22).

19. II. Brassage par décoction. — Dans la méthode par infusion, on arrive à la température finale par addition d'eau; dans la méthode par décoction, on gagne cette température en faisant bouillir des portions de la trempe qui, ramenées en cuve-matière, élèvent graduellement le degré de température en quatre étapes : 35, 55, 65, 75 degrés.

Les cuissons de trempe épaisse portent le nom de *dickmaisches*; on termine par une cuisson de moût clair qui porte le nom de *lautermaische*[1].

Voici le détail des opérations :

1° Trempe préparatoire froide avec 250 litres d'eau par 100 kilogrammes de malt; repos, deux heures;

2° 1re trempe, portée à 35 degrés avec de l'eau bouillante ajoutée à la trempe préparatoire;

3° On soutire, par un trou à large section, un tiers de la trempe, moût et drèche, que l'on porte dans une chaudière à cuire spéciale, munie d'un agitateur; c'est la 1re *dickmaische*;

4° On porte lentement la *dickmaische* à 75 degrés, puis à l'ébullition, et on fait bouillir un temps variable suivant le genre de bière, de 15 à 45 minutes;

5° 2e trempe, donnée avec la *dickmaische* bouillante; la température monte à 53-55 degrés.

1. En allemand : *maische*, trempe; *dick*, épais; *lauter*, clair.

6° On soutire une seconde *dickmaische* que l'on fait bouillir de 20 à 40 minutes;

7° 3e trempe, donnée avec la seconde *dickmaische*; la température monte à 63-65 degrés. On laisse reposer 15 à 20 minutes;

8° On soutire une portion du moût clair (*lautermaische*) que l'on fait bouillir 15 à 30 minutes;

9° 4e trempe, donnée avec la *lautermaische* bouillante; la température s'élève à 72-75 degrés.

On laisse reposer une demi-heure et on soutire comme précédemment.

20. III. **Brassage à moût trouble.** — Les méthodes à moût trouble, très nombreuses, se rapprochent de la méthode par décoction, dont elles ne sont qu'une variante, en ce sens que l'on ne fait qu'une *dickmaische* ou, plutôt, une *lautermaische*.

Elles sont employées en Belgique pour la fabrication des bières locales : *lambick*, *faro*, *bière de Louvain*, et dans le nord de la France.

Voici le procédé Lillois :

Salade froide et repos de plusieurs heures. On donne ensuite une 1re trempe à 50° et, après un repos de quelques minutes, on soutire une trempe trouble, appelée la *masse*, que l'on porte à l'ébullition. Pendant ce temps, on donne une 2e trempe à 66°-70°, qu'on soutire claire, après repos, dans une autre chaudière. Après soutirage, on jette une 3e trempe avec la *masse* en ébullition. On la soutire claire et on la réunit à la 2e trempe.

21. Lavage des drêches. — Après le brassage, quand le moût est soutiré, le malt reste au fond de la cuve, à l'état de *drêche* humide et spongieuse. Cette drêche renferme beaucoup de moût : 100 kilogrammes de malt retiennent environ 100 litres de moût, et ce moût est à la densité de la trempe, c'est-à-dire à une densité élevée. On en récupère une partie en lavant les drêches et cette opération se fait au moyen de la *croix écossaise* (16). L'eau tombe en pluie sur la drêche et il se produit deux effets : un effet de substitution, parce que le moût plus dense gagne le fond de la cuve et cède la place à l'eau; un effet de dilution ou de lavage, parce que l'eau pénétrant dans la drêche la lave et dilue le moût qu'elle a gardé par capillarité.

On fait deux ou trois lavages avec de l'eau à 80 ou 90 degrés et on considère la drêche comme suffisamment épuisée quand le dernier moût ne marque plus qu'une densité de 0°,5.

Les lavages successifs sont montés en chaudière et soit réunis aux moûts de 1re trempe, soit mis à part pour la fabrication d'une bière moins forte appelée *petite bière*.

22. Cuisson du moût. — *Coagulation des matières azotées.* — Quand les moûts sont réunis dans les chaudières de cuisson, on les porte à l'ébullition. Le moût se trouble et se couvre d'une écume grise, plus ou moins abondante. Puis, peu à peu, cette écume tombe, le moût s'éclaircit et on voit flotter dans le liquide des flocons d'albumine coagulée, à travers lesquels le moût apparaît de plus en plus limpide et brillant. C'est ce qu'on appelle le *tranché*. Le tranché peut être bon ou mauvais, suivant qu'il se fait plus ou moins bien, plus ou moins gros, plus ou moins rapidement, par suite d'emploi de mauvais malt ou d'une mauvaise fabrication. Il peut aussi ne pas se faire du tout et le brassin est compromis.

Houblonnage. — Quand la coagulation est à peu près complète, on ajoute le *houblon* (3). Le houblon se met en deux ou trois fois, en réservant pour la fin les variétés les plus fines. La quantité employée dépend du goût des consommateurs, de la qualité du houblon, de la force de la bière, du temps que la bière doit rester en cave : les *bières de conserve* sont plus houblonnées. Elle varie entre 350 à 500 grammes par hectolitre pour les bières du continent et de 1 à 3 kilogrammes pour les bières anglaises fortement amères.

Durée de l'ébullition. — Une durée de trois heures est suffisante pour les moûts obtenus par décoction (19); pour les moûts par infusion (18), on fait bouillir de trois à quatre heures. On se base sur la coagulation et on prolonge l'ébullition jusqu'à ce que le moût soit parfaitement limpide.

23. Refroidissement du moût. — ***Sur le bac.*** — Après ébullition, on coule le moût sur le bac refroidisseur (16). Il se refroidit et les matières en suspension se déposent; il se clarifie et en même temps il s'aère et réabsorbe de l'oxygène. Autrefois le refroidissement se faisait complètement sur les bacs refroidisseurs et le moût y passait de longues heures. Pasteur a démontré que, dans ces conditions, le moût peut être contaminé par les germes que l'air charrie, surtout quand la température tombe au-dessous de 60 degrés, et aujourd'hui on ne laisse le moût sur les bacs que le temps nécessaire pour qu'il s'aère et fasse son dépôt; on achève de le refroidir sur les *réfrigérants* (16).

Sur les réfrigérants. — Dès que le moût atteint la température de 60 degrés, on le descend sur les réfrigérants et on fait circuler dans les tuyaux de l'appareil, soit de l'eau ordinaire (fermentation haute) (25), soit de l'eau glacée (fermentation basse) (26), et on règle le débit de l'eau et du moût, de façon que le moût arrive au bas de l'appareil à la température nécessaire pour la fermentation.

CHAPITRE IV

FERMENTATION DU MOÛT SUCRÉ

La fermentation du moût sucré a pour but de transformer, sous l'action des levures, le sucre (maltose) *en alcool.*

Aussitôt que le moût est refroidi, il est mis en fermentation en y mélangeant une quantité convenable de levure.

Nous avons vu qu'il existe deux espèces de levure, la *haute* et la *basse*. Suivant qu'on veut opérer par *fermentation haute* ou par *fermentation basse*, on utilise l'une ou l'autre levure.

24. Mise en levain. — Quand le moût est réuni en cuve guilloire après sa descente du bac refroidisseur ou des réfrigérants (16), on procède à la mise en levain. On se sert d'une levure provenant d'un brassin précédent de même nature. On agit ainsi de brassin en brassin aussi longtemps qu'elle donne de bons résultats. Quand la levure *dégénère* et ne donne plus que des fermentations défectueuses, on change de levain et on l'emprunte à une autre brasserie.

Aération de la levure. — La levure ayant besoin d'oxygène pour commencer la fermentation, avant de l'introduire dans le moût on l'aère fortement. Pour cela, on la délaye dans un peu de moût et on la verse plusieurs fois de haut, d'un seau dans un autre, ou bien on se sert d'appareils spéciaux à aérer. La levure se charge d'oxygène et augmente de volume, *elle monte*, et on la verse dans le moût. On mélange intimement en agitant. La fermentation ne tarde pas à se déclarer et on distingue deux périodes dans la fermentation : la *fermentation principale*, très active, très intense, pendant laquelle la plus grande quantité de sucre est transformée; et la *fermentation secondaire*, plus lente, presque insensible, pouvant durer plusieurs mois et qui s'accomplit ordinairement dans les caves de garde. La bière se boit pendant la période de la fermentation secondaire.

25. Fermentation haute. — La fermentation haute, employée exclusivement en Angleterre, un peu dans le nord de l'Allemagne et dans les départements du nord de la France, s'accomplit à des températures relativement élevées; elle a une marche plus rapide, la bière est plutôt prête à boire, et comme elle ne nécessite pas l'emploi de glace et de caves de conserve, elle est, à tous égards, plus économique.

On met en levain à 12 ou 14 degrés et on emploie de 250 à 350 grammes de levure fraîche, épaisse et égouttée, par hectolitre, suivant la force des moûts et la température des caves.

Elle comporte deux procédés : la fermentation en *cuves* et la fermentation en *tonneaux*.

1° ***En cuves.*** — Le brassin est réparti également dans des cuves de 15 à 20 hectolitres, qu'on ne remplit qu'aux trois quarts pour laisser aux mousses la place de s'élever.

Six ou huit heures après la mise en levain, la fermentation se déclare et le moût se couvre d'écumes qui deviennent de plus en plus épaisses. Elles s'élèvent très haut sur la surface du moût et se contournent en coquilles très blanches. Puis ces mousses tombent et sont remplacées par une écume boursouflée, visqueuse, jaunâtre : c'est la *levure*, qui monte à son tour à la surface. On l'écume au fur et à mesure qu'elle se produit et quand la bière ne pousse plus ou peu de levure, la fermentation principale est achevée. On soutire alors la bière dans des tonneaux d'expédition, bonde ouverte, où elle achève sa *fermentation secondaire*, qui se traduit par un chapeau de mousse qui se forme sur le trou de bonde; elle fait son *bouquet*. On enlève de temps en temps ce chapeau et on remplit les tonneaux. Quand elle ne *pousse* plus et qu'elle est éclaircie, elle est bonne à livrer.

La fermentation principale dure de trois à quatre jours. La température monte à 20 ou 21 degrés; on peut, l'été, la modérer par une circulation d'eau dans des serpentins qui plongent dans les cuves.

La quantité de levure recueillie est six à huit fois plus grande que la quantité employée.

2° ***En tonneaux***. — La fermentation peut avoir lieu en foudres de 5 à 6 hectolitres, ou dans les tonneaux mêmes d'expédition.

Les tonneaux, exactement remplis, sont placés deux à deux sur les chantiers, la bonde inclinée, au-dessus de cuvelles destinées à recevoir les mousses et la levure qui s'échappent des tonneaux. Les mousses blanches coulent d'abord le long des parois dans les cuvelles, sans discontinuer, pendant un temps plus ou moins long, et se résolvent dans les cuvelles en un liquide très amer que l'on met à part pour les *remplissages*. Bientôt, les mousses blanches cessent ou se ralentissent, on vide les cuvelles, on les nettoie et on remplit les tonneaux. La levure apparaît à son tour et s'écoule dans les cuvelles où elle se dépose, tandis que le liquide entraîné reste au-dessus. On soutire ce liquide pour servir aux remplissages et on maintient les tonneaux pleins pour que le rejet de la levure se fasse facilement et d'une façon complète. Quand le rejet cesse, la fermentation principale est terminée; on redresse les tonneaux et la fermentation secondaire s'accomplit comme précédemment; la bière fait son *bouquet*.

Ce procédé a cet inconvénient, c'est que la levure s'écoulant le long des parois du tonneau, à l'air, est plus facilement contaminée par des germes qui y introduisent de mauvais ferments.

26. Fermentation basse. — La fermentation basse est exclusivement employée en Bavière et en Autriche. Beaucoup de brasseries françaises l'ont adoptée. Elle est plus longue et s'accomplit dans des limites de températures comprises entre 4 et 10 degrés. Elle exige l'emploi de glace et de caves de garde refroidies à des températures basses. Elle est beaucoup plus coûteuse.

Elle se fait toujours en cuves. Le moût refroidi à 4 degrés est mis en levain avec de 400 à 600 grammes de levure basse et réparti dans des cuves de 30 à 40 hectolitres remplies aux trois quarts.

Fermentation principale. — Quinze ou vingt heures après la mise en levain, le moût se couvre d'écumes qui s'élèvent ensuite graduellement, lentement, prennent de la consistance et se tournent en coquilles. Puis elles s'élèvent davantage, jusqu'à déborder par-dessus la cuve. Au bout de six ou huit jours, elles brunissent fortement, puis tombent lentement, graduellement, jusqu'à ce que la surface de la bière ne soit plus couverte que d'une couche d'écume épaisse, visqueuse, brune, d'aspect tigré caractéristique : la bière fait son *couvercle*. La fermentation principale est terminée; elle a duré de huit à douze jours.

On laisse encore la bière quelques jours dans les cuves, sous son *couvercle*, jusqu'à ce qu'elle se soit éclaircie, et on la soutire dans les *foudres de garde*. On trouve au fond des cuves la levure, qui s'est déposée en couche épaisse et consistante.

Pendant le cours de la fermentation, on maintient la bière à une température inférieure à 10°, soit en faisant circuler de l'eau glacée dans des serpentins plongés dans les cuves, soit en mettant des morceaux de glace dans des vases métalliques appelés *nageurs* et qui flottent à la surface du liquide.

Fermentation secondaire. — La bière est entonnée dans des foudres de 50 à 70 hectolitres, logés dans des caves souterraines refroidies et maintenues constamment à une température de 1 à 3 degrés. Elle y reste trois à quatre mois. On laisse d'abord les foudres ouverts aussi longtemps que la bière fait son *bouquet* et on les remplit de temps à autre. Quelques semaines avant le soutirage, on les bondonne pour faire mousser la bière et on introduit parfois dans les foudres quelques litres de bière en fermentation pour augmenter la production de l'acide carbonique et la mousse. Souvent aussi, pour clarifier la bière, on met dans les foudres des copeaux de hêtre ou de noisetier qui retiennent attachées les matières en suspension qui se déposent peu à peu. Les bières très mousseuses se soutirent au moyen d'appareils spéciaux, appelés *isobarométriques*, qui s'opposent au dégagement de l'acide carbonique et empêchent la mousse de se produire. Enfin, on les filtre à travers des pâtes de papier.

Pour refroidir les caves de fermentation ou de garde, on suspend aux voûtes des tuyaux dans lesquels on fait circuler du chlorure de calcium refroidi, dans les machines à glace, à plusieurs degrés au-dessous de zéro. Les bières sont d'autant plus mousseuses que les caves sont plus froides, parce que l'acide carbonique se dissout mieux à froid qu'à chaud.

27. Qualité et composition de la bière. — La bière est débitée, soit en fûts, soit en bouteilles. En bouteilles, elle est souvent *pasteurisée*, surtout pour l'exportation. On *pasteurise* les bouteilles en les faisant séjourner une demi-heure à une heure dans un bain d'eau à 60 degrés (32).

La bière doit présenter les qualités suivantes : être d'une limpidité parfaite; avoir un goût franc et aromatique; ne pas être trop amère, ni acide; contenir une quantité modérée d'alcool et une quantité suffisante d'acide carbonique pour mousser et conserver sa mousse.

Elle est composée d'eau, d'extrait, d'alcool et d'acide carbonique. L'extrait contient les matières non fermentescibles ou non fermentées : un peu de maltose, des dextrines, des matières azotées et minérales, de la glycérine, de l'acide succinique, des acides lactique ou acétique, des matières extraites du houblon,

Les cendres contiennent surtout de l'acide phosphorique et de la potasse.

28. Maladies de la bière. — Quand une bière ne présente pas toutes les qualités ci-dessus, elle est malade. La maladie peut affecter la *limpidité* ou le *goût*. On remédie assez facilement aux troubles par des collages à la colle de poisson (31) ou par la filtration; les maladies qui affectent le goût ne sont généralement pas guérissables. La bière est très altérable et son altération peut provenir d'une mauvaise fabrication, d'une conservation faite dans de mauvaises conditions, ou de l'emploi d'une levure contaminée.

29. Législation et statistiques. — La bière est soumise en France à un impôt. L'impôt est perçu au *degré-hectolitre*, mesuré dans la chaudière ou les chaudières de cuisson, pendant l'ébullition; c'est-à-dire au volume des moûts contenus dans les chaudières, ramenés à la température de 15°, multiplié par la densité des moûts au-dessus de 100 (densité de l'eau), reconnue à la température de 15°. La taxe est de 0 fr. 25 par degré-hectolitre.

Il a été déclaré en 1908 : 58743978 degrés-hectolitres ayant rapporté au Trésor 14733759 francs, et supposant une fabrication de plus de 15000000 d'hectolitres. Le nombre des brasseries, en France, s'élève à 2776.

L'Allemagne produit environ 76 millions d'hectolitres, l'Angleterre 60 millions, les États-Unis 65 millions, l'Autriche 20 millions.

CHAPITRE V

FABRICATION DE LA BIÈRE A LA FERME

30. La bière à la ferme. — L'article 11 de la loi des finances du 30 mai 1899 dispose que les propriétaires et fermiers peuvent, sans payer d'impôt, fabriquer la bière exclusivement destinée à la consommation de leur maison, sous condition :

1° De n'employer que des matières premières provenant de leur récolte ;

2° De faire, pour chaque brassin, une déclaration à la Régie ;

3° De se servir d'une chaudière fixée ou non fixée à demeure, mais d'une contenance inférieure à 5 hectolitres.

Les déclarations des propriétaires et fermiers énonceront l'heure de la mise de feu sous les appareils, ainsi que celle de la mise en fermentation des moûts, elles feront connaître le produit de chaque brassin.

Ces bières de ménage se font par infusion et par le même procédé que nous avons décrit (18).

Matériel employé. — Dans les grandes exploitations, on peut avoir un petit matériel complet de brasseur, comprenant une cuve-matière en métal avec faux-fond, une chaudière de cuisson, un bac refroidissoir. A défaut de ces appareils, une cuve en bois, de contenance appropriée, peut servir de cuve-matière, en plaçant au trou de vidange un petit tamis assez serré pour retenir la drêche, et on refroidit dans des cuviers larges et peu profonds. Il ne reste à faire que l'acquisition d'une petite chaudière en cuivre montée sur un foyer.

Pratique de la fabrication. — On procède ainsi, en prenant pour base la fabrication d'un hectolitre de bière :

On met dans la cuve 20 à 25 litres d'eau à 50-55 degrés et on verse doucement 12 à 16 kilogrammes de malt concassé, en agitant vivement avec des pelles. Quand le mélange est bien homogène et que toute la masse est bien imbibée dans toutes ses parties, on ajoute lentement et sans cesser d'agiter, de l'eau bouillante, jusqu'à ce qu'on ait obtenu dans le mélange la température de 70 degrés. On laisse ensuite reposer une heure, puis on soutire dans la chaudière de cuisson. On ajoute 250

CHAPITRE VI

EMPLOI DES SOUS-PRODUITS EN AGRICULTURE

33. Le brasseur tire un certain bénéfice de la vente des sous-produits, c'est-à-dire des matières qui restent après fabrication. Ce sont les *radicelles du malt*, les *drêches*, les *marcs du houblon* et la *levure*.

34. Radicelles. — Les radicelles du malt, appelée communément et improprement *germes d'orge*, et qui tombent du malt pendant le dégermage (14) ne peuvent entrer dans la fabrication de la bière à cause de leur amertume désagréable. On les utilise comme *engrais* ou *pour la nourriture des bestiaux*.

Comme engrais, on les répand en couverture dans les prairies, au printemps, à raison de 30 à 40 hectolitres par hectare. On les emploie aussi dans les vignes, au moment du provignage, en les plaçant dans le fond des fosses. Dans la culture houblonnière, elles donnent aussi de bons résultats. Leur richesse en matières azotées (24 à 25 pour 100) et en cendres 7 à 8 pour 100 (potasse et acide phosphorique) en font un excellent engrais[1].

Pour la nourriture des bestiaux, on ne doit jamais les donner secs; leur amertume les fait repousser par les animaux et leur extrême légèreté les fait pénétrer dans les naseaux, dont ils irritent la muqueuse. On les échaude d'abord avec de l'eau bouillante et on agite le mélange pour en former une masse bien homogène et bien imbibée, puis on y ajoute une quantité égale soit de drêche, soit de pommes de terre bouillies, soit encore, de préférence, de tourteaux.

Les radicelles sont très nourrissantes; leur coefficient de digestibilité[2] est d'environ 66 pour 100 et elles peuvent entrer pour 2 pour 100 dans la ration ordinaire du bétail.

Mais on doit les employer fraîches et propres. Conservées dans les greniers, elles se remplissent de poussières et d'impuretés.

---

1. On peut les enrichir comme engrais en les employant sous forme de litière et en leur faisant absorber toute l'urine qu'elles peuvent contenir.
2. Le coefficient de digestibilité est le nombre qui exprime en centièmes la proportion de substance susceptible d'être absorbée.

100 kilogrammes d'orge donnent, après germination, de 4 à 6 kilogrammes de radicelles qui se vendent de 5 à 10 francs le quintal. Elles sont très légères et pèsent de 15 à 20 kilogrammes à l'hectolitre. Elles sont très hygrométriques et peuvent absorber plus de 20 % d'eau.

35. Drêches. — *Les drêches sont employées exclusivement pour la nourriture des animaux, principalement des vaches laitières dont elles augmentent la production du lait.* Elles poussent à la graisse et sont utilisées aussi pour l'engraissement du bétail. Leur coefficient de digestibilité est de plus de 70 pour 100 et, d'après M. Cornevin, 100 kilogrammes de drêche sèche peuvent remplacer 120 kilogrammes d'avoine ou 140 kilogrammes d'orge. Elles peuvent entrer pour les deux tiers dans les rations journalières des vaches laitières ou des bêtes à l'engraissement.

On les donne aussi aux chevaux, qui en sont très friands, et dont elles entretiennent l'embonpoint, mais on ne doit les donner qu'avec mesure aux chevaux auxquels on demande beaucoup de travail, parce qu'elles les alourdissent. Les porcs, les lapins, les volailles les consomment avec plaisir.

Conservation de la drêche. — Malheureusement, la drêche fraîche s'altère rapidement; elle fermente et devient acide et même putride en peu de jours. Or, c'est l'été que les brasseurs en peuvent fournir en quantité suffisante et c'est l'hiver que les cultivateurs en auraient surtout besoin pour remplacer les fourrages verts. Il y aurait donc intérêt à faire, l'été, provision de drêche pour l'hiver. Il y a deux moyens de la conserver : par le *séchage* et *en silo*.

Le séchage s'effectue dans des appareils spéciaux constitués soit par des cylindres métalliques, rotatoires et creux, chauffés à la vapeur et entre lesquels la drêche est écrasée et séchée en même temps, soit par des auges à double fond chauffé à la vapeur et dans lesquelles des agitateurs mécaniques tiennent la drêche en mouvement jusqu'à ce qu'elle soit sèche. Ces appareils sont encombrants, dispendieux et ne peuvent convenir que dans de grandes exploitations.

En silo, la drêche est étendue en couches de 0 m. 15 d'épaisseur, alternées avec des couches de pailles ou de menues pailles de 0 m. 5. Le fond, qui doit être en pente assez prononcée pour que les eaux d'égouttage puissent s'écouler au dehors dans un puisard, est lui-même garni d'un lit de paille et quand le silo est rempli, on le recouvre de paille et d'une butte de terre de 0 m. 25.

Dans les silos, la drêche subit une fermentation qui change un peu sa composition; on peut néanmoins la conserver plus de six mois sans que ses qualités soient très sensiblement altérées. On augmente sa conservation en la mélangeant avec du sel dénaturé. En sortant du silo, la drêche sèche est mise à tremper dans l'eau avant d'être donnée aux animaux.

La drêche fraîche contient de 75 à 80 % d'humidité et 20 à 25 % de matières sèches. Mais il ne faut pas oublier que le liquide retenu par la drêche est du moût de bière sucré et qu'il augmente la valeur nutritive de la drêche. Elle se vend 2 à 3 francs les 100 kilogrammes, et 100 kilogrammes de malt donnent environ 130 à 135 kilogrammes de drêche fraîche.

36. Marcs de houblon. — Les marcs de houblon s'emploient seulement comme engrais, en les faisant entrer dans la composition des composts. Ils sont surtout utilisés dans les jardins et dans la culture maraîchère

On a essayé de les mêler à la nourriture des bestiaux, mais ceux-ci ne s'en accommodent pas, à cause de leur amertume.

En outre, les sels de cuivre provenant des chaudières de cuisson qu'ils contiennent parfois peuvent les rendre dangereux[1].

Payen indique ainsi une autre utilisation des marcs de houblon, expérimentée en Angleterre : « Le marc épuisé de houblon est appliqué avec succès pour effectuer la couverture des prairies qui viennent d'être fauchées; on obtient ainsi une deuxième pousse plus vigoureuse, en sorte que, sur quatre hectares, en en recouvrant un, on le découvrira ultérieurement pour recevoir le deuxième récemment fauché; la prairie fournira par cette méthode de deux à quatre fois plus de produit qu'en l'abandonnant après chaque récolte à l'action desséchante de l'air. » Il ajoute : « Le marc de houblon ne pourrait être mieux employé, d'autant plus qu'il n'a pas d'autres applications et que la désagrégation partielle à chaque déplacement laisserait peu à peu sur le sol tous ses débris agissant comme engrais.

Petite bière. — On peut encore se servir des marcs de houblon pour la fabrication d'une petite bière, vulgairerement appelée *bibine*, à condition de les utiliser très frais, au sortir des chaudières. Les houblons retiennent une assez grande quantité de moût qu'on récupère en partie en lavant les marcs plusieurs fois à l'eau froide, à la façon dont on fait certains *rapés*. Le liquide, fermenté avec une petite quantité de levure, donne une boisson légèrement alcoolique, amère, mais agréable et rafraichissante, dont on peut, du reste, augmenter la force en y ajoutant un peu de sucre avant fermentation. Un tonneau défoncé d'un bout et muni d'un robinet à l'autre bout, dans lequel on introduit le houblon, peut servir à faire les lavages. Le marc est ensuite utilisé comme engrais. »

Levure. — La levure se vend aux boulangeries et aux pâtisseries. Malheureusement, la fabrication des levures pressées de distillerie, a beaucoup réduit cette vente et les brasseurs n'en ont plus l'écoulement. Les essais tentés en vue d'en faire un aliment concentré pour les animaux après lui avoir enlevé son amertume, n'ont pas donné, jusqu'à ce jour, de résultats.

---

1. Cependant, en Allemagne, aujourd'hui, on les donne aux chevaux, à raison de une livre par tête et par jour, mélangés a de la drèche ou à de la mélasse, à poids égaux. Ils excitent l'appétit. On les donne aussi aux vaches laitières, mais en moins grande quantité; ils ont l'inconvénient de diminuer les matières grasses du lait. Il faut les employer très frais.

En Amérique, on en fait une litière pour les chevaux, après les avoir séchés sur une touraille. Ils fournissent une litière courte et douce, très favorable au sabot, absorbante et qui peut etre ensuite utilisée comme engrais.

CHAPITRE VII

LA BIÈRE AU POINT DE VUE HYGIÉNIQUE

37. Si nous considérons les principaux éléments qui constituent une bière normalement fabriquée, nous voyons que ces éléments en font une boisson éminemment hygiénique.

La bière est rafraîchissante. L'eau qu'elle contient en assez grande quantité apaise la soif, en même temps que l'acide carbonique qu'elle renferme augmente ses qualités rafraîchissantes et digestives, et l'assimile aux eaux minérales naturelles.

La bière est nourrissante, parce qu'elle contient des substances essentiellement nutritives. Ce sont des sucres non fermentés, des matières dextrineuses et surtout des matières azotées, dont la forme liquide en facilite l'assimilation.

La bière est reconstituante. Son alcool en fait une boisson stimulante et elle n'en contient pas des quantités assez fortes pour amener des troubles physiologiques. Elle renferme des matières minérales, notamment des phosphates, que l'acide carbonique et les acides lactique et acétique, toujours présents dans la bière, maintiennent à l'état de dissolution et dont l'action ne peut être que favorable.

La bière est donc, par excellence, un aliment complet apportant à l'organisme les aliments destinés à être brûlés, les aliments plastiques et les aliments minéraux dont il a besoin sous une forme qui favorise leur assimilation et qui justifie le nom qu'on lui a donné de *pain liquide*.

Les principes qu'elle tire du houblon et qui lui communiquent leur amertume, la rendent tonique et lui donnent la propriété d'exciter lentement et insensiblement l'action organique des systèmes de l'économie. C'est à ces principes qu'elle doit d'être à la fois apéritive et digestive. C'est par eux qu'elle excite la chymification, qu'elle est diurétique, qu'elle active les sécrétions muqueuses et produit des effets salutaires dans l'hygiène ordinaire.

La bière est donc, à tous égards, une boisson saine, bienfaisante, dont l'usage journalier ne peut être que recommandé, et qui peut rendre de grands services à la ferme, comme boisson rafraîchissante, pendant les chaleurs de l'été et les lourds travaux de la campagne.

CHAPITRE VIII

LA BIÈRE ET LA LOI SUR LES FRAUDES.

On falsifie la bière surtout en l'additionnant de substances qui assurent sa conservation, mais peuvent être nuisibles à la santé (antiseptiques).

La substitution au malt d'orge d'autres céréales, germées ou non, et de sucre, ne peut être considérée comme une falsification et, contrairement à l'opinion assez répandue dans le public, le houblon ne peut être remplacé par aucune autre substance.

Un décret du 28 juillet 1908 détermine quelles sont les matières qui, normalement, doivent entrer dans la fabrication de la bière et énumère les opérations, ayant pour but sa clarification ou sa conservation, qui sont légalement autorisées.

Voici les principaux articles de ce décret :

Article 1er. — Il est interdit de détenir ou de transporter en vue de la vente, de mettre en vente ou de vendre sous la dénomination de « bière », un produit autre que la boisson obtenue par la fermentation alcoolique d'un moût fabriqué avec du houblon et du malt d'orge pur ou associé à un poids au plus égal de malt provenant d'autres céréales, de matières amylacées, du sucre interverti ou de glucose.

Article 2. — Doit être désignée sous le nom de « petite bière », la bière provenant d'un moût dont la densité est inférieure à deux degrés.

Article 3. — Ne constituent pas des manipulations et pratiques frauduleuses aux termes de la loi du 1er août 1905 les opérations ci-après énumérées, qui ont pour objet la fabrication régulière ou la conservation de la bière :

1° La clarification, soit en chaudière, soit pendant ou après la fermentation, à l'aide de substances dont l'emploi est déclaré licite par arrêtés pris de concert par les ministres de l'intérieur et de l'agriculture, sur l'avis du conseil supérieur d'hygiène publique et de l'académie de médecine;

2° La pasteurisation;

3° L'addition du tanin dans la mesure indispensable pour effectuer le collage;

4° La coloration au moyen du caramel ou d'extraits obtenus par torréfaction des céréales et substances dont l'emploi est autorisé, dans la fabrication de la bière, par l'article 1er du présent décret;

5° Le traitement par l'anhydride sulfureux pur provenant de la combustion du soufre et par les bisulfites purs, à la double condition que la bière ne retienne pas plus de 50 milligrammes d'anhydride sulfureux, libre ou combiné, par litre, et que l'emploi des bisulfites soit limité à 5 grammes par hectolitre.

Article 4. — Est interdite l'addition à la bière de tous antiseptiques autres que l'anhydride sulfureux, les bisulfites et ceux qui pourront être ultérieurement autorisés dans les formes prévues au paragraphe 1er de l'article 3 ci-dessus.

TABLE DES MATIÈRES

INTRODUCTION 1
Définition. 1

CHAPITRE I

Matières premières employées pour la fabrication de la bière. 1
Eau 1
Houblon. 1
Orge. 3
Levure. 4
Les différentes opérations que nécessite la fabrication de la bière. . . 5

CHAPITRE II

Germination ou maltage. 6
But de la germination 6
Pratique du maltage 6
Nettoyage et triage de l'orge 6
Mouillage ou trempage de l'orge. 7
Cuves mouilloires 7
Règles du mouillage. 7
Durée du mouillage 8
Germination. 8
Pratique de la germination. 8
Durée de la germination 9
Maltage pneumatique 10
But et marche du touraillage. 10
Touraillage 10
Composition du malt. 12
Toilette et conservation du malt 12
Dégermage. 12
Polissage 12
Mouture du malt. 13

CHAPITRE III

Fabrication du moût de bière. 14
Appareils pour la fabrication du moût. 14
Brassage. 16

Méthode par infusion 16
Soutirage de la trempe. 17
Méthode par décoction. 17
Méthode à moût trouble. 18
Lavage des drêches 18
Cuisson du moût. Houblonnage 19
Refroidissement. 19

CHAPITRE IV

Fermentation du moût sucré 20
Mise en levain. Aération de la levure. 20
Fermentation haute 20
Fermentation basse 22
Qualité et composition de la bière. 23
Maladies de la bière. 23
Législation et statistiques 23

CHAPITRE V

Fabrication de la bière à la ferme 24
Clarification de la bière. 25
Conservation de la bière. 26

CHAPITRE VI

Emploi des sous-produits en agriculture. 27
Radicelles. 27
Drêches 28
Marcs de houblon 29
Levure. 29

CHAPITRE VII

La bière au point de vue hygiénique. 30

CHAPITRE VIII

La bière et la loi sur les fraudes. 31

65029. — Imprimerie LAHURE, 9, rue de Fleurus, à Paris.

BIBLIOTHEQUE NATIONALE DE FRANCE
3 7502 01388085 7

www.ingramcontent.com/pod-product-compliance
Lightning Source LLC
LaVergne TN
LVHW012006160826
845678LV00002B/693

* 9 7 8 2 3 2 9 6 6 7 2 6 3 *